Copyrite 2013

Majkl Ričard Craig

All prava zadržana. Nema slike iz ove knjige može se reprodukuje, u eksternim sistema, ili prenositi na bilo koji način, elektronski, mehanički, fotokopiranjem, snimanje ili na drugi način, bez pismene dozvole autora.

Posebna zahvalnost moje divno, neverovatno, fantastičnih i ljubeci supruga Carol! Vašu podršku i poverenje u mene i vaše prisustvo od mene jer smo bili deca je draža od mene mogu da izrazim.

Reči i ilustracije koje
Majkl Ričard Kreg.

1   2

5   6

9

3   4

7   8

10

Jedan

1

Luckast suočavaju se sa

Dva

2

Luckast suočava se sa

Tri

3

Luckast suočava se sa

Četiri

4

Luckast suočava se sa

Pet

5

Luckast suočava se sa

Šest

6

Luckast suočava se sa

Sedam

7

Luckast suočava se sa

Osam

8

Luckast suočava se sa

Devet

9

Luckast suočava se sa

Deset
10
Luckast suočava se sa

Na kraju.

Dobar posao!

Ovi su iz kolekcije "mnogi se suočava sa Mihaela Ričard Kreg" ovo je prvi u deset knjiga koje za brojanje luckast da se suočava sa stotinu.

Nobodiesinc@yahoo.com

TeeGeeBeeTeeGee

www.ingramcontent.com/pod-product-compliance
Lightning Source LLC
Chambersburg PA
CBHW041120180526
45172CB00001B/349